国家公园研究院 × 十万个为什么 联袂出品

National Parks of China

中国国家公园

大熊猫国家公园

欧阳志云 主编　　臧振华 徐卫华 沈梅华 著

少年儿童出版社

主编

欧阳志云

副主编

徐卫华

编委

臧振华、沈梅华、郭志强、范馨悦、张黎明、胡瑞华、陈君帜、张薪、高卫东、沈安琪、陈天

支撑单位

国家林业和草原局中国科学院国家公园研究院

资助项目

国家自然科学基金（31971542）、国家林业和草原局中国科学院国家公园研究院研究专项

特别鸣谢

四川省林业和草原局（大熊猫国家公园四川省管理局）
环球自然日活动组委会

序言

　　为了保护地球上丰富的野生动植物和独特的自然景观，1872 年美国建立了世界上第一个国家公园——黄石国家公园。随着国家公园理念不断地拓展和深化，目前全球有 200 多个国家和地区建立了 6700 多处国家公园。国家公园在生态系统、珍稀濒危动植物物种、地质遗迹和自然景观等自然资源的保护中发挥了重要作用。

　　我国自然生态系统复杂多样，分布着地球上几乎所有类型的陆地和海洋生态系统，是全球生物多样性最为丰富的国家之一：动植物物种数量多，约有 37 000 种高等植物、6900 种脊椎动物，分别占全球总数的 10% 与 13%；其中只在我国分布的特有植物超过 17 300 种，特有脊椎动物超过 700 种。我国的动植物区系起源古老，保留了桫椤、银杏、水杉、扬子鳄、大熊猫等白垩纪、第三纪的古老孑遗物种；自然条件与地质过程复杂，孕育了张家界砂岩峰林、珠穆朗玛峰、九寨沟水景、青海湖、海南热带雨林、蓬莱海市蜃楼等独特的地文、水文、生物与天象自然景观。2013 年，我国提出"建立国家公园体制"，目的是保护丰富的生物多样性与自然景观，为子孙后代留下珍贵的自然资产，实现人与自然和谐共生。

　　2021 年，习近平总书记在《生物多样性公约》第 15 次缔约方大会领导人峰会上宣布中国正式设立首批国家公园，包括三江源国家公园、东北虎豹国家公园、大熊猫国家公园、海南热带雨林国家公园与武夷山国家公园。它们是我国丰富生物多样性的典型代表，保护了大家熟知，尤其是小朋友喜爱的憨态可掬的大熊猫、威武凶猛的东北虎、"高原精灵"藏羚羊、美丽的绿绒蒿和濒危的海南长臂猿等。这些珍稀的动植物，能将我们带入川西北的高山峡谷、北国的林海雪原、青藏高原的高寒草地与冰川、海南岛的热带雨林等神奇自然秘境。这里不仅是千千万万植物、动物与微生物生存繁衍的乐园，也是人类接近自然、认识自然和欣赏自然的最佳场所。

国家公园研究院与少年儿童出版社策划的"中国国家公园"科普书，是在各分册作者与编委精心组织和辛勤工作的基础上完成的，得到了国家林业和草原局的大力支持，还有三江源、东北虎豹、大熊猫、海南热带雨林与武夷山等国家公园管理机构的无私帮助，在此表示衷心的感谢。尤其要感谢主创团队（图文作者和编辑），他们将关怀青少年成长的爱心和热爱大自然的情怀相融合，将生物多样性的专业知识转化为通俗易懂的语言和妙趣横生的故事。

我相信这套"中国国家公园"科普书能够成为众多青少年走进国家公园的一张导览图，成为启发他们感受美丽中国、思考生态保护的入门书。

国家公园研究院院长
美国国家科学院外籍院士

目录

欢迎来到大熊猫国家公园

平均海拔 **2650** 米以上，

总面积达 **2.2万** 平方千米。

　　它们是咬合力惊人的猛兽，却以可爱的外表征服了全世界；它们最喜欢"卖萌"，却拍不出一张彩色照片；它们全身滚圆，却也喜欢爬树"健身"……它们就是深受全世界人们喜爱的动物——大熊猫。

　　大熊猫的保护一直受到全世界的瞩目。几十年的保护努力，使大熊猫的受威胁等级从"濒危"下调为"易危"，但它们的生存仍受栖息地丧失和破碎化、局域种群隔离等因素的威胁。因此，大熊猫国家公园应运而生。

　　让我们一起踏上这段奇妙的旅程：同样"萌翻天"的小熊猫、美貌惊人的金丝猴、壮硕的四川羚牛、神秘的岷山冷杉林……当然，最重要的是，憨态可掬的大熊猫在哪里呢？让我们来一起探索这片神奇山地吧！

山地奇境

大熊猫国家公园位于中国西南部，青藏高原东缘，跨四川、甘肃、陕西三省，涵盖了岷山、邛崃山、大相岭、小相岭四大山系。这里独特的地理气候环境孕育了丰富多样的野生动植物。

大熊猫国家公园大部分地区都是崇山峻岭，最高处海拔 6000 米以上。

邛崃山系

南北走向的邛崃山系东边陡、西边缓，是四川盆地和青藏高原之间的天然地理屏障。这里的气候潮湿多雨，生物多样性丰富，有多种珍稀动植物分布，已被列为世界自然遗产。这里还是国家公园内大熊猫密度最高的山系。

邛崃山系的主峰为四姑娘山的幺妹峰，海拔 6247.8 米，是大熊猫国家公园的海拔最高处

小相岭山系

山体呈南北走向的小相岭山系属于青藏高原的组成部分，地貌以中高山为主，也有部分低山和河谷阶地。

岷山山系

岷山山系以高山峡谷地貌为主，呈西北至东南走向，是岷江、涪江、白龙江的水源涵养地。这里是中国乃至全球生物多样性保护的关键地区。

大相岭山系

大相岭山系由峨眉山和瓦屋山组成，大致呈西北至东南走向。大相岭山系是岷江支流、大渡河水系中下游支流的发源地，水量丰富。大熊猫多栖息于这些支流的源头。

开始爬山

大熊猫国家公园的地形以山地为主，海拔落差非常大。在这群山巍峨、密林遍布的地方，要怎样才能找到大熊猫呢？

只能沿着山坡往上爬了！要寻找大熊猫，首先就是要找到适宜它们生存的环境，比如，有没有它们喜欢吃的竹子？有没有它们喜欢攀爬的大树？所以，我们在爬山的时候，要多留心一下身边的植被，你会发现随着海拔高度的变化，森林的构成也在发生改变。

大熊猫"滚滚"与山坡

大熊猫喜欢待的地方不仅和当地的植被有关系，也和山体的坡度有关。一般大熊猫在坡度为 15 ~ 30 度的地方活动最频繁——也许这是最适合它们打滚的地方。

山地常绿和落叶混交林：海拔 1400 ~ 2900 米

当我们爬到海拔 1400 ~ 2900 米的地方，落叶树种开始出现，和刚才的常绿树种一起构成了常绿和落叶混交林。我们在这里最常看见的树种是包石栎和香桦，还能看到

永久冻土带

水青冈、扇叶槭等常绿树和枹栎，青冈等落叶树。这里还分布着国家一级保护植物——被誉为活化石的珙桐。令人惊喜的是，我们也能在这里找到大熊猫的主要食物之一——箭竹。这是不是意味着我们离大熊猫又近了一步呢？

看到大熊猫的可能性 ★★

山地常绿阔叶林：海拔 1000～2500 米

在海拔 1000～2500 米的地方，是由青冈、山楠、峨眉栲等植物组成的常绿阔叶林。林下层的植被则主要是由这些乔木的幼苗和竹子构成的。

在这里有没有可能看到大熊猫呢？有！一般在冬季和春季，随着气温降低，大熊猫就会往海拔低的地方来活动。但山顶气温升高，它们就会往上迁移，去往它们更喜欢的植被区域——岷江冷杉林。

但在小相岭区域，大熊猫即使是夏天也偶尔会在常绿阔叶林里活动。所以，不同地方的大熊猫对树林的选择是存在差异的。

看到大熊猫的可能性 ★

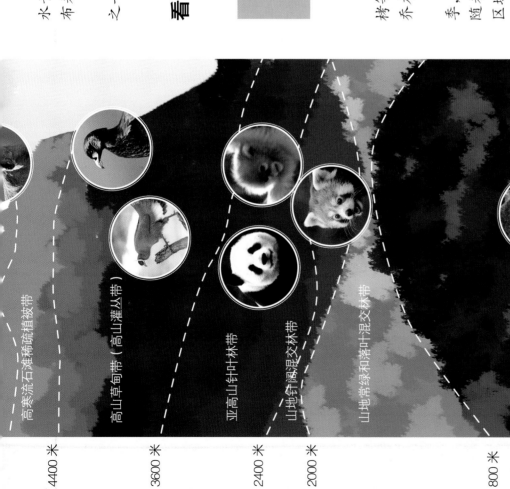

高寒流石滩稀疏植被带 —— 4400 米

高山草甸带（高山灌丛带） —— 3600 米

亚高山针叶林带 —— 2400 米

山地针阔混交林带 —— 2000 米

山地常绿和落叶阔混交林带

山地常绿阔叶林带 —— 800 米

越爬越高

如果还没发现大熊猫的踪迹，别气馁，继续往上爬！大熊猫不仅可能在竹林里大快朵颐，还可能藏在树上睡大觉。猜猜看，大熊猫最喜欢的活动区域是哪里？

大熊猫 "滚滚" 与大树

别看大熊猫长得圆滚滚的，它们实际上可是爬树的高手！一般来说，大熊猫上树的原因包括以下几个：

1. 安全：树上没有会威胁到它们的天敌，所以可以安心地在树上睡大觉，也可以放心地在树上玩耍；

2. 瞭望："都说"登高望远"，大熊猫上树有利于它们了解周围的情况；

3. 求偶：当雌性大熊猫准备寻找伴侣的时候，就会爬到树上去，附近的雄性大熊猫看到了就会来到树下徘徊，如果雌性大熊猫对它感到满意，就会下树与它会合，共同繁育下一代；

4. 育幼：大熊猫当了妈妈后，需要洞穴来哺育下一代。大型树洞是它们育儿的绝佳场所。

亚高山针叶林：海拔 2000 ~ 3800 米

现在我们已经来到了最有可能发现大熊猫的地带，再往上爬一点点就到了，加油！

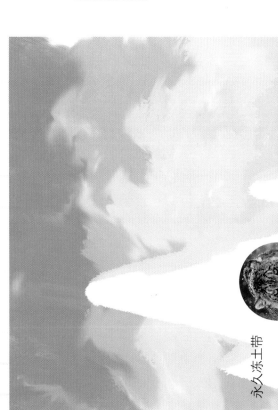

永久冻土带

现在的海拔已经超过了 2000 米。看看周围，我们身边的阔叶树已经不见踪影，取而代之的是以岷江冷杉、紫果云杉等树种构成的亚高山针叶林。

在高大的冷杉和云杉树下，我们可以找到大量的缺苞箭竹——这可是大熊猫最喜欢的食物，怪不得大熊猫很喜欢在这里活动呢！

看到大熊猫的可能性 ★★★

山地针阔混交林：
海拔 1800 ~ 3400 米

在相对寒冷而且较为干燥的地方，针叶树开始出现，与阔叶树夹杂在一起形成针阔混交林。

我们能在这里找到云南铁杉、冷杉、油松、华山松等树种。这里的林下植物除了白檀、胡枝子等灌木之外，也分布着多种大熊猫可以吃的竹类。

与阔叶林相比，这里的树木更加高大，高度能达到 20 米左右。这对于擅长攀爬的大熊猫而言，并不是什么大问题。

看到大熊猫的可能性 ★★

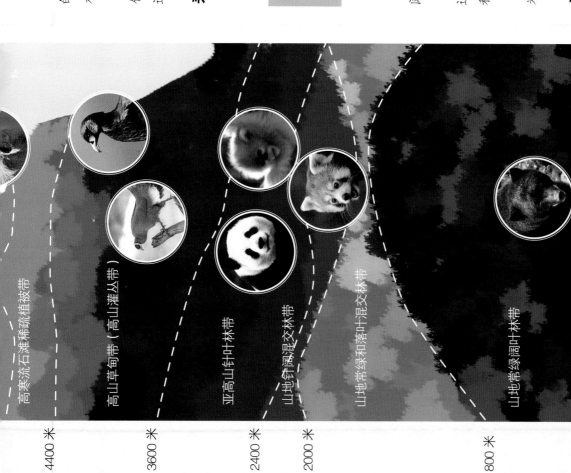

4400 米

高寒流石滩稀疏植被带

3600 米

高山草甸带（高山灌丛带）

2400 米

亚高山针叶林带

山地针阔混交林带

2000 米

山地常绿和落叶混交林带

800 米

山地常绿阔叶林带

神奇动物在这里

大熊猫国家公园属于世界36个生物多样性热点地区之一——中国西南山地。这里地形复杂，山高谷深，气候多样，庇护着包括大熊猫在内的丰富多样的野生动物。

第四次全国大熊猫调查报告显示，大熊猫国家公园内有野生大熊猫 **1340** 只，约占全国野生大熊猫的 72%。大熊猫是深受全世界喜爱的旗舰物种，人们在保护大熊猫的同时，也保护了这里的其他野生动植物。

据最新大熊猫国家公园综合科学考察数据显示，大熊猫国家公园内已记录到的脊椎动物共 **869** 种，其中国家重点保护动物 **161** 种——哺乳动物 **30** 种，鸟类 **112** 种，两栖动物 **10** 种，爬行动物 **3** 种，鱼类 **6** 种。

深受全世界喜爱的"滚滚"：大熊猫

大熊猫被誉为"中国国宝"，是中国特有种。它们凭着憨态可掬的外表，受到全世界人们的喜爱，俨然已成为了生物多样性保护的重要象征，在中国外交活动中起到了"友好使者"的作用。同时其独特的生物学特性使其成为研究生物演化的"活化石"。

臼齿发达，便于研磨竹子，但犬齿也很厉害

每个脚上有 5 个趾，但前脚的大拇指旁还有一个"伪拇指"——这个"指头"实际上是手腕处的籽骨凸起形成的，方便它们抓取竹子和爬树

挑剔的大熊猫

大熊猫吃竹子其实很挑剔，在我们人类看起来差不多都一样的竹子，它们一眼就能分辨出新鲜与否，是否有病害。在有选择的情况下，大熊猫只会吃质量最好的竹子和竹笋。

大熊猫刚出生的时候，尾巴其实显得挺长的，但尾巴的生长速度比不上身体的生长速度，到成年的时候，尾巴就显得只剩一小坨了

大熊猫

体长：1.5 ~ 1.8 米

体重：85 ~ 125 千克

常见程度：★ ★

保护等级：国家一级

主要生境：海拔 1200 ~ 3900 米的森林

食物：主食为竹子，偶尔也吃点肉食

熊猫，还是猫熊

有些学者推测，先秦时期，《山海经》中记载的"貘""食铁兽"等都是古代中国人对大熊猫的称谓。

"熊猫""猫熊"都是近代用语。据说，在 1944 年的一次标本展上，当时展品标牌上分别标示着拉丁学名和中文名，但由于那时的中文习惯读法是从右至左，故而人们都把按国际书写方式标示的"猫熊"，读成了"熊猫"，并延用至今，唯中国台湾现仍称其为猫熊。从分类上说，大熊猫属于熊科大熊猫亚科，所以它们确实可以说是一种特化的熊。

除了竹子也吃点肉

植物纤维不好消化，所以食草动物的肠子都比较长。但大熊猫作为食肉目动物，肠道长度与食肉动物一样较短，并不能完全消化吃下去的竹子。为了摄入足够的能量，它们把大多数时间都花在吃东西上。在野外，大熊猫可取食的竹子有 60 多种，它们一般优先吃营养丰富的竹笋，辅以鲜嫩的竹叶和竹竿。不同的竹子生长地点不同，出笋的时间也不一样。在每年的春季，大熊猫往往会"追着竹笋"一路吃，从较早出笋的中低海拔迁移到较晚出笋的高海拔地区。到了秋冬季节食物匮乏时，大熊猫又会回到较低海拔地区，食谱以竹叶、竹竿为主了。虽然大熊猫的食物 99% 以上由竹子构成，偶尔遇到合适的机会，大熊猫也会吃一些肉食，如羚牛尸体、小鸟之类的动物。

大熊猫的粪便中含有大量没有分解的纤维，可以用来造纸、培养蘑菇等，仔细闻一闻，还有股竹香味呢！

大熊猫的秘密生活

　　3-4 月是大熊猫的发情期，此时雄性大熊猫显得特别活跃，会跋涉漫长的距离寻找配偶。雌性大熊猫会通过爬树、登高、做记号等行为对雄性大熊猫发出邀请，而雄性大熊猫之间则会为了争夺配偶而激烈打斗。

　　8-9 月是大熊猫生宝宝的时间。大熊猫妈妈会在岩洞或树洞中生下自己的宝宝。虽然大熊猫有 4 个乳头，但它们一般一次只生一个崽。在野生条件下，就算偶尔生出了好几个大熊猫宝宝，大熊猫妈妈也只喂养其中一个。在宝宝刚出生的时间里，大熊猫妈妈不吃任何东西，专心抚育宝宝，直到两周以后才会带着宝宝出洞觅食。

🔵 刚出生的大熊猫是粉色的，体重只有约150克，是妈妈体重的千分之一。到1个月左右，它们才会长出黑白相间的毛。

🔵 大熊猫在1岁半到2岁左右离开妈妈独自生活，到七八岁就开始养育自己的宝宝了。

大熊猫为什么是黑白相间的

科学界对此有多种假说。比较可信的观点包括：

1. 躲避捕食者：在一定距离之外看来，大熊猫身上的白色与雪地能完美融合在一起，而黑色则能帮助它们隐入树干、岩石、树荫等深色环境中，让天敌难以发现；

2. 黑色的眼圈可能有利于减少在雪地活动时的眩光，使大熊猫看得更清楚。

大熊猫为什么看上去懒洋洋的

由于大熊猫主要食物——竹子的营养含量较低，而且大熊猫也没有反刍行为，因此大熊猫对竹子利用率也较低，很难有太多能量贮存。为了尽可能减少能量消耗，大熊猫日常活动较少，因此看上去懒洋洋的。研究显示，大熊猫每日能量消耗率比考拉还低，与树懒相似——大熊猫的日均移动距离一般小于 500 米，每天一半的时间用来进食，剩下的一半时间多在睡梦中度过。

大熊猫研究大揭秘

如果你来到大熊猫国家公园，却没有见到大熊猫，也不用气馁。要知道，就算是专业的研究人员在野外也很少能够直接目击到大熊猫。那么，在看不到大熊猫的情况下，科学家怎样才能研究它们呢？

方法 1：找便便

大熊猫不容易看到，但要找到它们的粪便就相对容易一些。我们可以根据观察到的大熊猫粪便状态，推测它是什么时候留下的。

另外，在大熊猫的粪便中常常残存有一些竹茎，科学家把其称为"咬节"。不同大熊猫便便当中的咬节长度是不一样的，这也是判断究竟是谁拉出了这坨粪便的依据。特别是在同一区域有多只大熊猫活动时，这是一个行之有效的方法。

方法 2：非损伤取样法

科学家可以在不打扰大熊猫生活的情况下，直接拿野外收集到的大熊猫毛发、新鲜粪便等样品，在实验室里做DNA分析，从而确认大熊猫的个体，甚至能显示不同大熊猫之间是否有血缘关系。

在野外遇到大熊猫怎么办

大熊猫其实是非常凶猛的动物，如果在野外与它们狭路相逢，是一件很危险的事情。我们在山林里最好还是与大熊猫保持距离。行走时发出一些声响可以让大熊猫提前知道我们的行踪，不至于和它们狭路相逢。

大熊猫面临的威胁

过去，大熊猫在山林中会受到虎、豹等天敌的威胁。现在，山林中能够捕食成年大熊猫的动物几乎已经绝迹，但大熊猫仍然受到森林砍伐、放牧、道路建设等干扰，以及气候变化所造成的威胁。

建立大熊猫国家公园可以帮助大熊猫恢复栖息地，形成生态廊道，促进大熊猫种群的扩散和交流，降低大熊猫灭绝风险。另外，大熊猫国家公园还采取了其他一些措施为大熊猫的生存和繁衍创造良好的环境。例如，加强对人类活动的管理，限制非法砍伐、采矿和建设等活动，确保人类活动不对大熊猫的栖息地造成进一步的破坏；通过科学研究和监测，管理人员可以了解大熊猫种群的生存状况，为保护和管理提供科学依据；通过教育活动和公众参与项目，增强公众对大熊猫保护的意识和参与度。

森林砍伐

放牧

道路建设

气候变化

月牙猛兽：亚洲黑熊

在中国，亚洲黑熊是分布最广的熊。它们是一种非常凶猛的动物，前肢强壮，有很强的攀爬能力，常会到树上觅食和躲避敌害。在森林中，只有老虎和棕熊能够对它们造成威胁。由于亚洲黑熊十分擅长双足站立行走，它们在很多国家的文化中都被视为"山人""山神""野人"，有的民族还把它们当成自己的祖先进行崇拜。

耳朵比其他熊稍微长一点，听觉和嗅觉十分敏锐，但视力却不怎么样，所以还有一个俗名叫作"熊瞎子"

颈部和脸盘长有很长的鬃毛

胸口有月牙形的斑纹，因而又被称为"月熊"

后腿短而强壮，能够立起来走路

冬天树叶掉了的时候，我们有时能看见一些光秃秃的树上突兀地堆着一大团枝叶，这可能是亚洲黑熊在树上吃东西的时候用来垫屁股留下的"坐垫"。

◎ 亚洲黑熊像其他熊一样会冬眠，但这取决于天气情况——如果天不太冷的话，它们冬天也会在外面活动。

◎ 亚洲黑熊曾经是"熊胆"的主要来源，为此很多亚洲黑熊都遭到囚禁、虐待和捕杀。实际上熊胆中的药用成分"熊去氧胆酸"已经可以人工合成，没有必要再从熊的身上提取。

亚洲黑熊

体长：110 ~ 190 厘米

体重：60 ~ 200 千克

常见程度：★ ★ ★

保护等级：国家二级

主要生境：海拔 4300 米以下的阔叶林、混交林

食物：杂食，但以植物性食物为主，青草、嫩叶、苔藓、橡籽及各种浆果等都吃，也吃鱼、蛙、鸟卵及小型兽类，喜欢挖蚂蚁窝和掏蜂巢，还盗食玉米、蔬菜、水果等农作物

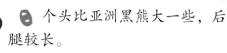

动物不脸盲：棕熊

😐 个头比亚洲黑熊大一些，后腿较长。

⚫ 毛色为棕色。

⚫ 更喜欢生活在开阔的环境。

动物不脸盲：美洲黑熊

😐 胸口没有月牙形斑纹。

⚫ 体形比亚洲黑熊更大，但攻击性弱一些。

⚫ 是亚洲黑熊最近的亲戚。

腹黑萌物：小熊猫

小熊猫俗称为"山门蹲"，这是源于它们喜欢晒太阳的习性，它们还会像猫那样清理自己的皮毛和舔前爪，也喜欢到树边和岩石边摩擦背部及身体各侧。看到小熊猫，你绝对会被它们可爱的外表征服！小熊猫不仅是中国西南山地的代表动物，也是世界公认最可爱的动物之一。

体色棕红，所以又被称为"红熊猫"

有明显突出的白色"耳毛"

脸上的斑纹每只都不尽相同，可以作为个体识别的依据

爪子具有一定的收缩能力

和大熊猫一样具有"伪拇指"

"腹黑"的小熊猫

在野外，当小熊猫感觉到威胁时，会迅速爬上树或躲在岩石后。但它们走投无路时，会站立起来双手"举高高"。这并不是在卖萌，而是它们在应对危险时的本能反应——这样会让它们的体形看起来更大，从而起到威慑对手的作用。当敌人突然感觉"眼前一黑"，愣在那里的时候，小熊猫会瞬间溜之大吉。

小熊猫

体长：51 ~ 73 厘米

体重：2.5 ~ 5 千克

常见程度：★ ★ ★

保护等级：国家二级

主要生境：海拔 1500 ~ 4000 米的阔叶林、针阔混交林、针叶林

食物：喜欢吃竹子，不过它们也会吃一些植物的浆果、蘑菇等，偶尔也吃小鸟、昆虫等小动物

小熊猫和大熊猫有什么关系

虽然名字当中都有"熊猫"两个字，但是从动物分类上说，小熊猫和大熊猫的亲缘关系并不近。

大熊猫属于食肉目熊科，而小熊猫属于食肉目小熊猫科，从演化关系上来说，小熊猫和浣熊的亲缘关系更近一些。

小熊猫和大熊猫的食物比较类似，也有一些相似的特征。但小熊猫更喜欢在坡度更加陡峭、树木更加茂密的地方活动。

小熊猫的分布比大熊猫更广，除了中国以外，在印度、尼泊尔、不丹和缅甸也能看到小熊猫的身影。

长尾巴能帮助小熊猫在攀爬时保持平衡，天冷的时候还可以当被子盖在身上

腹部及腿是黑色的

动物不脸盲：浣熊

- 全身大部分为均匀的灰棕色。
- 脸上像戴了"黑色眼罩"。
- 尾巴有黑白相间的环纹，通常为 10 个以上。

最美貌的猴子：川金丝猴

川金丝猴是中国特有动物，它们全身金黄，真是名副其实的"金丝猴"。川金丝猴不仅漂亮，性情相对于其他一些种类的猴子要温顺许多。

鼻孔朝天是所有种类金丝猴的共同特征，所以它们被归为"仰鼻猴"类

和我们熟悉的猕猴不同，金丝猴没有颊囊，所以不能在嘴里存太多的食物，但成年金丝猴嘴角会长出瘤状凸起，年龄越大，这个小瘤就会越大并且越硬

雄性有红色"披肩"

脸为蓝色

全身覆盖金色的长毛

川金丝猴的家庭生活

川金丝猴以家庭为单位生活，一个家庭包括一只作为首领的成年雄猴、配偶（大约 3～5 只雌猴），以及它们的孩子。当家庭中的雄性猴子长到 3~4 岁，就会被逐出家庭去自立门户。

川金丝猴

体长：52～78 厘米
体重：6.5～17 千克
常见程度：★ ★ ★ ★
保护等级：国家一级
主要生境：海拔 2000～3500 米的针叶林、阔叶林、混交林
食物：主要吃植物，冬天会捞取树上的松萝（一种地衣）食用，偶尔它们也会吃小鸟、昆虫等小动物

为什么金丝猴要长朝天鼻

金丝猴为什么要长朝天鼻的原因现在还不清楚，有人猜测这有利于减少呼吸的阻力，使它们能够适应空气更加稀薄的环境。

很多人都担心这样的鼻子会在下雨天进水，但实际上金丝猴在雨天会主动寻找树冠等地方避雨，它们突出的前额也能为它们挡掉一点雨水。所以，鼻子进水的情况其实并不多见。

并不是所有的金丝猴都是金色的

世界上有 5 种金丝猴：川金丝猴、滇金丝猴、黔金丝猴、缅甸金丝猴、越南金丝猴，其中前 4 种都能在中国找到。但并不是所有的金丝猴都是金色的，像滇金丝猴、缅甸金丝猴身上连一根金色的毛发都没有。朝天的鼻子才是金丝猴家族的共同标识。

尾巴长，大约和身体的长度差不多

滇金丝猴

丛林杀手：豹

豹是大熊猫国家公园的顶级捕食者，也是典型的机会主义者，大到上百千克的有蹄类动物，小到几十克的昆虫，都能成为它们的盘中餐。虽然说世界各地也都有过豹食人的记录，不过它们非常谨慎，通常情况下会对人敬而远之。

豹

体长：100 ~ 190 厘米
体重：37 ~ 90 千克
常见程度：★ ★
保护等级：国家一级
主要生境：各种生境都有分布
食物：梅花鹿、野猪、猕猴和野兔等

雄豹的吼叫声很容易辨识，听起来很像有人在锯木头

具有可以伸缩的爪，攀爬能力惊人

最成功的大猫

豹起源于非洲，后来通过阿拉伯半岛一路扩散到了亚洲，并分化出了9个不同的亚种。现在已经成为全世界分布最广的大型猫科动物。

豹的适应能力非常强，既会游泳又会爬树，能适应各种不同的环境生活。它们主要的捕食方法是利用茂密的丛林发起突袭，所以充足的隐蔽处对于豹的生存来说至关重要。对于豹来说，大熊猫国家公园里茂密的丛林便是它们绝佳的藏匿处。

身上具有形如玫瑰的空心圆圈斑纹，所以又被叫作"金钱豹"或者"花豹"

尾巴长度大约是身体长度的一半

动物不脸盲：猎豹

- 头小，身体显得更长。
- 身上的斑点是实心黑点而非黑圈。
- 内侧眼角有向下的黑色"泪线"。
- 爪子不能缩入爪鞘内。

丛林里的喵星人：豹猫

体形和家猫接近，身上有类似豹纹的斑点

耳后黑底白纹

尾巴又粗又长

　　豹猫是猫家族当中分布最广的成员之一，从中国到东南亚再到印度都能见到它们的身影。它们的大小和家猫类似，捕食丛林中的各种小动物。有观点认为，在亚洲地区最先被驯化的"喵星人"就是豹猫，但后来逐渐被非洲野猫驯化而来的家猫所取代。现在，宠物市场上有一种叫"孟加拉豹猫"的猫，是以亚洲豹猫和家猫杂交以后产生的。但这也促使一些人捕捉野生豹猫作为宠物售卖，给野生豹猫种群带来一定的压力。如今豹猫已经是国家二级保护动物，饲养野生豹猫是违法的，而且豹猫野性难驯，其实非常不适合当宠物。

能和虎豹叫板的小猫：
金猫

    金猫的体形比豹猫大，有家猫的 2 ～ 3 倍那么大。据推测，金猫在古代的名字叫作"彪"，有的地方把它们叫作红椿豹、芝麻豹等。历史上，金猫一直是和虎、豹齐名的猛兽。不过也正因为如此，它们的毛皮和骨头也遭到盗猎者的觊觎。现在，它们的数量已经极为稀少，是国家一级保护动物。

    金猫行踪隐秘，捕食方式为猫科动物典型的伏击，以啮齿类、鸟类、蜥蜴和其他小型动物为食，有时也捕捉幼鹿，还会合作捕捉较大的猎物。

额头到鼻子之间有叉子一样的纹路

体色非常多变，红的棕的黑的花的都有，还有些个体具有像豹子一样的花纹

尾巴尖略卷下面是白色的

高山神兽：四川羚牛

　　这种"神兽"长着一身金黄的长毛，虽然体格很大，但眼神温和，一副人畜无害的样子，其实它们具有很强的攻击性。有的人把这种动物叫作"四不像"：头像马，角像鹿，蹄像牛，尾像驴；也有的人叫它们"六不像"：庞大隆起的背脊像棕熊，两条倾斜的后腿像非洲的斑鬣狗，四肢短粗像家牛，绷紧的脸像驼鹿，宽而扁的尾像山羊，两只角长得像角马……

头像马，角像鹿

尾巴又宽又扁，有点像驴尾巴

毛发是金色的

羚牛也迁移

羚牛可以说是"灵活的胖子"，它们不仅能灵活自如地攀爬悬崖，还有极强的跳跃能力。

羚牛具有垂直迁移的特性，在春夏季节会集群追随着鲜嫩的禾草一路吃至高海拔地区，顺便在那里"避暑"，而秋冬季节则会分散成小团体往低海拔的山谷转移，转而采食竹笋、树叶和地被草本植物等。秦岭地区的俗谚"七上八下九归塘"（"塘"指的是山区的局部平原）就是描述羚牛的这种习性。

羚牛与大熊猫

在大熊猫国家公园，羚牛的分布区和大熊猫的栖息地重合度很高，随着大熊猫的栖息地得到保护，同为国家一级保护动物的羚牛数量也开始逐渐增长。有些人担心，一些地方的羚牛由于缺乏天敌，可能过度泛滥。也有人发现，羚牛和大熊猫可能存在一定的冲突，羚牛也吃大量的竹叶，羚牛的剐蹭、磨角、啃食等行为会导致一些树木死亡，引起生境的变化，使得大熊猫难以找到合适的大树留下足够的气味标记，甚至逼得一些大熊猫避而走之；还有人观察到过大熊猫吃羚牛尸体的画面。

四川羚牛

体长：170 ～ 220 厘米
体重：250 ～ 600 千克
保护等级：国家一级
常见程度：★ ★ ★ ★
主要生境：冬季在海拔 1000 米左右的山谷森林觅食，夏天则常见于高达 4000 米的高山草甸
食物：已经记录到羚牛吃的植物多达 100 ～ 300 种，它们有舔盐的习性，林中含盐较多的地方常是牛群的集聚点

国家公园里最危险的动物

羚牛也叫扭角羚，与大熊猫、金丝猴并称中国高山林区三大神兽。在大熊猫国家公园里，羚牛的数量是三者当中最多的，也是最容易看到的。它们虽然是植食性动物，但堪称国家公园里最危险的动物，特别是当遇到独来独往的羚牛时，要特别小心，及时避让，以防遇到危险。

被羚牛剐蹭过的树

林间小精灵：小麂

在大熊猫国家公园，小麂（jǐ）是最容易见到的哺乳动物之一，也是鹿科麂属动物中最小的物种。它们像小精灵一样，穿梭在国家公园的山林间，大多数时间很安静，偶尔才会吠叫几声。

雄性小麂具有明显的上犬齿，脑袋上有明显的鹿角——雌性则没有。雄性小麂打架的时候会先用鹿角相互顶撞，待对方失去平衡后再用犬牙戳刺。遇到危险的时候，小麂会发出像狗一样的吠叫声。它们比较喜欢在低海拔的区域，尤其是河谷地带活动。

攀岩高手：
中华斑羚

中华斑羚又称"青羊"，有的地方也把它们叫作"崖羊"，从这个俗名就可以看出它们是攀岩高手。它们的蹄子可以插入岩石的缝隙，加上极强的协调能力，使其可以在崖壁上稳若泰山。因此它们能够吃到其他植食性动物采食不到的一些食物，遇到危险的时候也能迅速利用山崖来躲避捕食者。中华斑羚是国家二级保护动物。

头顶"呆毛"的鹿：毛冠鹿

　　毛冠鹿是国家二级保护动物，也是中国特有种，在中部和南部的山区都有分布。它们主要在林缘地带活动，有时会和人类不期而遇。

　　平时毛冠鹿既吃草又吃树叶，也会吃一些蕨类、蘑菇等，偶尔也会闯入农田去吃农民的作物。它们也会随着季节的变化改变行动路线：夏天去山上避暑，冬天则下到阳光充足的低海拔地区避寒。多数时候它们都显得非常温顺，只有到了 9-12 月繁殖季的时候，雄性之间为了争夺雌性会大打出手。这个时候它们的大獠牙就派上了用场——它们不会像大型鹿类那样用角相互冲撞，而是用獠牙互相又戳又啃，有时弄得双方鲜血淋漓。

　　毛冠鹿全身黑褐色，脑门有一簇长长的黑毛，从正面看在两耳之间构成一个黑色的菱形。雄性毛冠鹿头上有短角，嘴外龇着发达的獠牙；雌性毛冠鹿头上无角，嘴无獠牙。巧的是，很多雌性个体下唇的白斑正好是一颗弯獠牙的形状，加上雄性毛冠鹿的短角完全被"头发"遮住，从远处看，它们有点雌雄莫辨——你看得到"獠牙"的未必是雄性，而看不到犄角的也未必是雌性……真是很难认啊！

"天马"下凡：中华鬣羚

雄性有一对角，繁殖期时用于打斗；雌性没有角

眼睛前面有眼腺，也能留下自己的气味信息

背部有长长的鬣毛，有点像马的鬣毛，所以又被称为"天马"

中华鬣（liè）羚喜欢生活在多石陡峭的山坡地带，有时也可以在森林里见到它们。它们是一种胆子很小的动物，遇到人会迅速逃跑或者隐入树丛。平时独来独往，不管是雄性还是雌性都拥有自己的地盘。

中华鬣羚平时常在林间大树旁或巨岩下隐蔽和休息，以草类、树叶、菌类和松萝为食。中华鬣羚是国家二级保护动物。

香喷喷的爬树专家：林麝

　　林麝俗称南麝、香獐、黑獐子，是麝家族 17 个物种中体形最小的。正如其名字所示，林麝偏爱在森林环境中，尤其是针阔混交林中生活。它们的跳跃能力很强，狭而尖的蹄子适于攀援。所以，有时你会看到林麝爬到好几层楼高的树上吃树叶或松萝的奇特情景。林麝没有角，雄性靠突出的獠牙进行打斗来竞争雌性。像其他麝一样，雄性林麝会分泌麝香，用于吸引配偶、传递信息、标记领地。但自从人类发现麝香可以制作昂贵的香水和药材之后，为了取香而大肆捕杀它们。这导致各种麝的数量大幅下降。如今，林麝是国家一级保护动物。

大耳朵直立

雄性有明显突出的獠牙，是繁殖季打架的武器

颈部有明显的斑纹，好像穿了白衬衫又戴了领带

蹄子狭而尖

缤纷鸟类

得益于大熊猫国家公园得天独厚的自然环境，这里的鸟类物种之丰富超出你的想象，雉类、鸦雀类、鹛（méi）类、柳莺类等都是这里的特色鸟类。

看点一：雉类

观鸟界有"一鸡顶十鸟"的说法，一方面是因为雉类的体形比较大，另一方面很多雄性的雉类色彩相当绚丽，但要见到它们并不容易——它们非常谨慎，很少主动暴露自己。

蓝马鸡

世界上有4种马鸡，主要分布在中国，马鸡的中央尾羽长而弯，奔跑起来有如马的尾巴一般，这便是它们名字的由来。其中，蓝马鸡是数量最多也最容易看到的一种，是国家二级保护动物。顾名思义，蓝马鸡的羽毛是蓝灰色的。它们脸上长有明显的白色髭须，一直延伸到头部两侧，好像长了两个白色的角，因此有的地方也把它们叫作"角鸡"。

红腹锦鸡

红腹锦鸡是中国特有鸟类，是国家二级保护动物，因其外形美丽在19世纪时被引入英国等欧洲国家。它们繁殖力强，肉质不可口，因此在欧洲大范围扩散，最终大量分布在现今的欧亚大陆。红腹锦鸡头顶具金黄色发状冠羽，脸颊和前颈均为锈红色，后颈披以亮橙黄色且具蓝黑色羽缘的翎领——这身彩衣真是巧夺天工！

红腹锦鸡生活在多岩的山坡，出没于矮树丛和竹林间。它们的食物以植物性食物为主，包括果实、种子、叶、花及茎等，也取食少量的昆虫等动物。

绿尾虹雉

绿尾虹雉的体长为 70～80 厘米，因为"远在深山人未识"，它们的名气远没有其他大型雉类（如孔雀和火鸡等）那么响亮。不过要是你见到它们的身影，一定会被其雄鸟靓丽的羽毛所惊艳，它们的羽毛在阳光下会呈现独特的金属光泽。这种中国独有的鸟类是国家一级保护动物，而大熊猫国家公园就是绿尾虹雉主要的繁殖地。

红腹角雉

红腹角雉是体形中等的雉类，又叫娃娃鸡。雄鸟羽色艳丽，脸部裸皮蓝色。雄鸟脖颈下方有奇特的"肉裙"，求偶时会膨胀起来，色彩绚丽无比。它们是国家二级保护动物。

血雉

血雉是国家二级保护动物。雄性血雉的颈部和胸口有鲜亮的红色羽毛，脸上的裸皮和脚也是红色的，看上去像血一样，因此得名。

斑尾榛鸡

斑尾榛鸡也是中国特有种，且为国家一级保护动物。它们通常栖息在海拔 3200～3800 米高处的灌丛、森林中。它们秋后常结群生活，喜欢栖息在杜鹃灌丛中——当地称杜鹃林为羊角林，所以斑尾榛鸡还被称为羊角鸡。

看点二：鹛类

鹛类是森林中的歌唱家，它们一般飞行能力不太强，有很多种类会随着季节的变换沿不同海拔高度进行垂直迁移。对于大多数人来说，最熟悉的鹛类大概就属"画眉鸟"了。实际上，中国是一个鹛类大国，种类异常丰富，而大熊猫国家公园就是一个观察鹛类的胜地。

黑额山噪鹛

黑额山噪鹛是国家一级保护动物，也是一种濒危的噪鹛。它们黑褐色的鼻须遮着前额，因而称为"黑额山噪鹛"。

斑背噪鹛

斑背噪鹛是中国特有种，是国家二级保护动物，分布区域狭窄，但在大熊猫国家公园并不难见到。它们眼周和眼后纹都为白色，好像戴了白色的眼罩，十分醒目。

灰胸薮鹛

灰胸薮（sǒu）鹛外形十分小巧可爱，只能在中国的西南山地找到，也是国家一级保护动物。它们具有垂直迁移的习性：夏季，会在海拔 1000 米以上地方活动；而到了冬季，它们就会下到较为温暖的低海拔地区过冬。所以，如果你是夏天来大熊猫国家公园，想要找到它们的话，就要辛苦你多爬爬山啦。

看点三：鸦雀类

别看鸦雀的体形小，看起来似乎并不起眼，但大熊猫国家公园所在的中国西南地区可是全世界鸦雀的分布中心，具有很多别处看不见的鸦雀种类。有观鸟者不远万里特地来西南山地寻找它们的身影。只要仔细观察，你会发现有不少鸦雀长得非常小巧可爱，萌点十足。

红嘴鸦雀

红嘴鸦雀夏天主要在海拔 2700 ~ 3700 米的矮竹丛、杜鹃下层活动，冬天会去到海拔 1200 米左右一带栖息。它们体形相对较大，体长有 28 厘米左右。

三趾鸦雀

三趾鸦雀是中国特有种，是国家二级保护动物。它们喜欢在卫矛、山楂、小檗、棣棠花、蔷薇、五角枫以及松花竹等森林或灌木丛中活动。

白眶鸦雀

白眶鸦雀是中国特有种，有着典型的白眼圈，为国家二级保护动物。

暗色鸦雀

暗色鸦雀是中国特有种，是国家二级保护动物，主要生活在海拔 2500 ~ 3200 米的箭竹林或灌丛间。

其他珍稀鸟类

在山高谷深的大熊猫国家公园，还生存着其他奇特的鸟类，可不要错过了哦！

黄腿渔鸮

从黄腿渔鸮（xiāo）的名字就可以看出，这种猫头鹰擅长抓鱼。黄腿渔鸮通常生活在河边，具有比其他猫头鹰更加粗糙的爪，能够顺利抓起鱼、蛙等水里的猎物。它们是国家二级保护动物。

四川林鸮

四川林鸮是中国特有种，为国家一级保护动物。和我们印象中典型的"猫头鹰"不一样，四川林鸮没有典型的耳羽簇，也不仅仅在夜间捕猎。它们的体形较大，通常生活在海拔 2500 米以上的针叶林中。在不动的时候，它们身体的颜色能和树干完美地融合在一起。它们主要捕食啮齿类动物，有时也会捉一些小鸟。

棕头歌鸲

　　棕头歌鸲（qú）在海拔2400米左右的灌木林地上活动。它们鸣声洪亮多韵，悠扬婉转，十分动听。如果雄鸟不鸣唱，就很难被发现；雌鸟羽色不似雄性那般艳丽，更加难以观察。它们是国家一级保护动物。

四川旋木雀

　　四川旋木雀是中国特有种，仅分布于中国西部山区，是国家二级保护动物。包括四川旋木雀在内的旋木雀家族被俗称为"爬树鸟"，这源于它们在树干绕圈螺旋式攀援而上的习性。这种鸟以昆虫幼虫和虫卵为食，时常从树干基部向上旋转移动，用细长且略向下弯曲的喙仔细寻找食物；当转到树干上部后，就飞向另一棵树的基部，以同样方法继续向上爬行。

　　四川旋木雀的两大秘密"武器"造就了它们独特的行为。首先是一对非比寻常的脚爪，它们的爪子长而弯曲，还有尖尖的钩子，钩在粗糙的树皮上十分牢固。其次是被称为"第三条腿"的尾巴，它们的尾羽羽干十分坚实，站在树干上的时候，起到支撑作用；爬行起步阶段，尾羽会向下发力，双脚同时启动，螺旋式向上攀登。

两栖动物和爬行动物

　　如果你是在夏天造访大熊猫国家公园，一定别忘了在树丛草间，以及在溪流水塘附近寻找一下爬行动物和两栖动物的身影。不论是行动迅捷的蛇、蜥蜴，还是赋予夜晚丰富歌声的蛙，都是国家公园重要的原住民。

山溪鲵

　　山溪鲵又被称为"中国小鲵"，是中国特有种。它们主要生活在高海拔地区的溪水中。当地人把它们称为"白龙"，认为它们有药用价值——过度捕捉已经让它们的数量急剧减少，目前山溪鲵是国家二级保护动物。

大凉螈

　　大凉螈是国家二级保护动物。和山溪鲵不同，大凉螈长大以后主要在陆地上活动。但到了繁殖季节，它们会回到池塘中去寻找配偶和产卵。它们喜欢在晚上外出活动，捕食昆虫和其他小动物。

金顶齿突蟾

　　金顶齿突蟾是中国特有的蟾蜍，分布区域非常狭窄，数量又比较有限，因此被列为国家二级保护动物。它们生活在海拔2500～3100米的山中溪流附近，周边一般长有很多松树和杜鹃。

洪佛树蛙

　　洪佛树蛙是国家二级保护动物。它们的背面是纯绿色的，有一些不规则排列的乳白色小点。它们常见于海拔1100米左右的山区，栖息于与小溪相连的小水塘边的灌木枝叶上。

横斑锦蛇

　　横斑锦蛇是一种中型无毒蛇,成年后体长超过1米。它们是"颜值"非常高的一种蛇,头部前端两鼻孔间有一道横斑;两眼间有一道"V"形斑,延伸至眼后分叉;身体背部有数十对黑色带横纹。它们目前仅发现于四川省,主要分布在海拔2000～2500米的山林里,是国家二级保护动物。

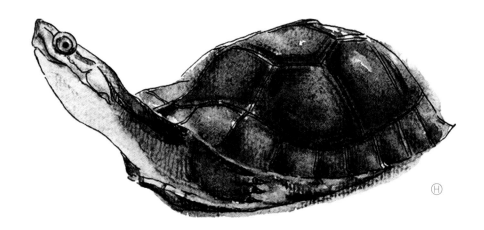

潘氏闭壳龟

　　顾名思义,闭壳龟就是能够把壳完全封闭起来的一类龟。有的龟虽然可以把头和四肢尾巴都缩进壳里,但由于壳没有封闭,从外面还是可以看见四肢的。闭壳龟的腹板(也就是肚子上那块硬板)上有铰链状的结构帮助其活动,遇到危险时可以收起来,把身体藏在里面封得严严实实的。

　　潘氏闭壳龟因其腹板上的花纹像一个"美"字,又被称为美人龟。目前,它们在野外的数量已经极其稀少,属于极危物种,是国家二级保护动物。

脆蛇蜥

　　蜥蜴和蛇的区别之一就在于蜥蜴有脚，蛇没有脚。可是，也有一类蜥蜴在演化过程中像蛇一样脚退化了，变成了外形像蛇一样的动物——脆蛇蜥就是如此。它们平时生活在松软泥土下的洞穴里面，有时也会到地面上来捕食蜗牛、昆虫之类的小生物。

　　那么如何将脆蛇蜥与蛇区分开来呢？第一，我们可以观察它们的肚子：蛇肚子上的鳞片又宽又扁，明显和背部的鳞片不同，而脆蛇蜥腹部的鳞片和背部的鳞片形状没有太大差异；第二，和很多蜥蜴一样，脆蛇蜥遇到危险的时候会主动断开自己的尾巴趁机逃走，这也是脆蛇蜥名字当中"脆"的由来。脆蛇蜥是国家二级保护动物，目前数量非常稀少。

四川攀蜥

　　四川攀蜥又叫四川龙蜥，身体背面有大小不等的鳞片，排列十分整齐。体背黑褐色，肩部及躯干两侧有浅黄绿色斑块，可以说是一种"颜值"非常高的蜥蜴了。它们生活于海拔 1000 ～ 2000 米的山区草丛间。

山地植物访谈

大熊猫国家公园不仅是众多野生动物的栖息地，还被称为"植物避难所"。一些古老的植物物种与大熊猫一样在这里躲过了第四纪冰河时期（始于258万年前）的大灾难，并繁衍至今。这些植物和大熊猫有什么关系？又各有哪些神奇之处呢？在接下来的章节中，我们一起来跟植物聊聊吧！

据最新大熊猫国家公园综合科学考察数据显示，大熊猫国家公园共有 **150** 种重点保护植物，其中被子植物 **127** 种，裸子植物 **13** 种，石松类和蕨类植物 **8** 种，苔藓植物 **2** 种。

大熊猫最爱的植物：竹

嗨！大家好，我是大熊猫最喜欢的竹子！我看起来好像普普通通，但其实可以说是非常成功的植物，目前已知世界上约有1400种竹子呢！竹子可以分成热带竹类和温带竹类两大类，大熊猫国家公园里已记录到的竹子有41种，都属于温带竹子。

这么看来，竹子真是种很神奇的树木！

千万别误会！我们竹子其实是一种禾本科植物，与小麦、稻米等粮食作物同科。

虽然看上去很像树，但从分类上说，我们却是一种高度木质化的草本植物。真正的树长大过程中会不断增粗，我们竹子却不会。我们的粗细几乎在还是竹笋的时候就固定了。竹子或竹笋茎内部的结构也和树木完全不同，反而和甘蔗、玉米更为相似。

和很多草一样，竹子非常擅长利用地下茎快速扩张，迅速占领更多的"疆土"。相比树木我们竹子往往更能适应火灾。大火虽然也会烧掉竹子的地上部分，但竹子的地下部分往往能幸存下来，并迅速在余烬当中重新萌发。

我们竹子可以通过营养繁殖的方式迅速生长，"雨后春笋"就是描述这一现象。

听说竹子开花，大熊猫就会遇到"粮荒"，是吗？

大多数竹子一生只开一次花。我们在生命的最后耗尽所有的能量开花结实，然后就会死去——通过这种方式，让位给新生代的竹子生长。

也有一些竹子采取不同的策略，它们会少量多次地开花，开花之后也会继续存活。

竹子的种类不同，寿命也不同。所以，在自然状态下，各种竹子开花和死亡的时间也有先后。大熊猫不仅仅以一种竹子为食，当一株或一种竹子开花之后，它们会转而取食其他竹子。

20世纪80年代，四川发生箭竹大面积开花的现象，同期许多大熊猫被饿死。后来细究，发现主要原因是人类破坏了大熊猫的栖息地，大熊猫无法自由迁移到有充足食物的地方去取食，才造成了这样的悲剧。

除了大熊猫，还有其他动物喜欢吃竹子吗？

这你问到点子上了！在大熊猫国家公园，除了大熊猫，我们竹子对于很多动物来说都是非常重要的口粮，如小熊猫、雉鸡、羚牛、鬣羚、斑羚，以及一些啮齿动物等，都非常喜欢吃竹子。

小熊猫　　啮齿动物　　羚牛　　鬣羚　　雉鸡　　斑羚

高山奇景：高山杜鹃花

> 除了竹子，大熊猫国家公园还有其他很多神奇的植物。首先，去探访下壮丽的高山杜鹃吧！

　　没错，首先可以来看花！大熊猫国家公园可是我们杜鹃花的分布和分化中心之一。在这里，你能看到岷山山系的腺果杜鹃、邛崃山的芒刺杜鹃、大小相岭的美容杜鹃等。每年4-6月，错落有致生长于国家公园原始森林中的各色杜鹃，随着海拔上升次第开放，形成壮丽的杜鹃花海。大熊猫的活动范围基本涵盖了杜鹃花的垂直分布区域，你要是路过杜鹃花丛，说不定就会偶遇一只正在"赏花"的大熊猫哦！

植物界"大熊猫"：珙桐

> 说到大熊猫，必须要来瞧瞧植物界"大熊猫"——珙桐。

　　是啊是啊！在野外，我们珙桐的数量十分稀少，是国家一级保护植物。1869年，法国博物学家谭微道在四川首次发现我们后，珙桐被引入欧洲栽种，获得了来自全世界的赞誉。

　　我们的花虽然没有花瓣，却长有大苞片，远远看起来就像一群白鸽栖止在树冠当中，故有"中国鸽子树"的美誉。大苞片可以用来吸引昆虫为我们传粉，还可以保护花粉不被雨水打湿，是非常有用的构造呢！

植物界的"天女花"：圆叶天女花

看，这边也有好漂亮的花，它们被称为植物界的"天女花"！

中国古代有"天女散花"的故事，在植物界当中，真的有一类植物以"天女花"为名，我们圆叶天女花就是其中之一。我们属于木兰科，花朵多在春夏之交开放，开放时花朵向下，宛如天女含羞带怯，因此得名。世界上有 4 种天女花，其中 2 种只分布在中国，包括我们圆叶天女花。我们只生长在四川中部和北部海拔 2600 米左右的林间。由于有人会剥去我们的树皮作为厚朴的代用品，所以造成不少植株死亡。如今，我们被列为国家二级保护植物。

木兰家族的"实力派"：厚朴

说到这里，为什么要剥天女花的树皮作为厚朴的代用品，是因为厚朴的树皮很有用吗？

没错，木兰家族不仅好看，还有不少"实力派"成员，比如我们厚朴。我们的树皮不仅可以作为中药使用，树皮中含有的厚朴酚还有抑制细菌的功效，有的口香糖还使用了这种物质来抑制不好闻的口气。除此以外，我们厚朴的种子可以榨油，木材可以用来做家具和乐器。因此，我们在一些地区被盗砍盗挖的情况也比较严重。目前，我们是国家二级保护植物。

花朵奇特的独蒜兰

脚下低矮的植物也别有一番韵味，看这株独蒜兰，花朵十分奇特呢！

　　我们独蒜兰的名字来源于我们的假鳞茎，长得和独头蒜非常相似。我们球状的假鳞茎在药贩子的眼中可是值钱的"冰球子"药材。因此，我们独蒜兰遭到了严重的盗挖盗采，几乎所有的独蒜兰属植物都受到了威胁。如今，我们是国家二级保护植物。

"太白七药"之首：桃儿七

这些"草"虽然看上去有点普通，但也藏着很多秘密。

　　虽然我们桃儿七的植株看上去比较低矮普通，却可以在乍暖还寒的时候，迅速开出像桃花一样绚烂的花朵，结出的红色果实也非常可爱。

　　我们全株有毒，但处理过后有药用疗效，是有名的传统中药——被列为"太白七药"之首，也因此遭到盗采，现在我们是国家二级保护植物。

一花一叶：独叶草

> 看，这株草有 5 片叶子，像一朵花一样，很漂亮！

　　一开始看见我的时候，很多人会以为我有 5 片叶子，但是如果仔细观察，你就会发现实际上这 5 片"叶子"只是 1 片叶子分裂出来的。而且我们独叶草全株只有一片叶子、一朵花，有人说我们是全世界最"孤独"的植物。

　　我们生长在海拔 2700 ~ 3900 米间山地冷杉林下或杜鹃灌丛下，是国家二级保护植物。观察我的时候要小心，可别把我给踩坏了哦。

古老的"化石植物"：光叶蕨

> 看你的叶子很奇特，你是蕨类植物吧?

　　是的，我叫光叶蕨，是中国特有的国家一级保护植物。蕨类植物不会开花，但也有很有趣的看点：你看到我的时候，可以把我的叶子翻过来看看，可能会在叶子背面看到很多形态各异的孢子囊群——这是我的繁殖器官，也是辨识蕨类植物的一个重要特征。

原始森林的主要树种：岷江冷杉

说到不会开花的植物，大熊猫国家公园里还有一大类植物——裸子植物，它们也不会开花。

对，我们岷江冷杉就是典型的裸子植物。大熊猫最喜欢吃的缺苞箭竹就普遍分布于我们林下，因此大熊猫最喜欢在以我们为优势树种的森林中活动。耐寒又耐阴的岷江冷杉构成了四川省面积最大的原始森林，主要分布在海拔2000~3800米的山地区域。

是的，我见过你们，记得我还捡了一个从你们身上掉下来的球果，看起来比松树的松塔要紧密得多。

严格意义上说，我们的球果并不是果实。只有开花植物才有果实，我们裸子植物只有种子，所谓的"球果"或者"松塔"，植物学上叫大孢子叶球，只是一个用来收纳种子的器官。

珍贵的"毒果"：西藏红豆杉

咦？你们红豆杉不也是裸子植物，可树枝上面明明挂着红彤彤的"果实"啊？

你看到的是我的种子。我们西藏红豆杉和其他红豆杉一样，种子外面包有一层红色的肉质假种皮，看起来像是果实的样子。这层外种皮是为了吸引鸟类的注意，它们吃了我们的种子，就能将种子扩散到更远的地方，帮我们传播后代。

它们确实看起来很诱人啊，我也摘几个尝尝。

千万别吃，我们全株都是有毒的。鸟类消化速度快，又消化得不彻底，所以吃了我们的种子才能安然无恙地把种子排出来，而不引起中毒。其他动物基本上都不敢把我们红豆杉当食物，这使我们可以在自然环境中慢慢生长。没想到后来你们人类发现，可以从红豆杉的主要毒素——紫杉醇里提取抗癌药物，这使我们遭到了灭顶之灾。我们长得慢，被砍伐以后恢复得也慢。幸亏我们被划为国家一级保护植物，现在又成立了大熊猫国家公园，让我们这些濒危植物有机会恢复生机。

人与自然

　　大熊猫国家公园丰富的地形地貌和气候条件，构造了壮丽复杂的自然景观。这里分布着深深的河谷、高耸的雪山以及茂密的森林和灌丛。国家公园内的许多自然景观在中国乃至世界上都是独有的。

　　在中国的野生动物保护事业中，大熊猫及其栖息地保护无疑是最具代表性的案例，许多科学家和工作人员，以及当地的居民，都为此付出了巨大的努力。

四川大熊猫栖息地：卧龙自然保护区

卧龙自然保护区（现名为大熊猫国家公园卧龙片区）始建立于1963年，是以保护大熊猫、金丝猴、珙桐、水青树等珍稀野生动植物和高山森林生态系统为主的综合性国家级自然保护区。2006年，四川大熊猫栖息地作为世界自然遗产被列入《世界遗产名录》。

卧龙自然保护区因"熊猫之乡""宝贵的生物基因库""天然动植物园"而知名，有丰富的动物资源、植物资源和矿产资源。据第四次全国大熊猫调查，保护区内现有野生大熊猫104只。

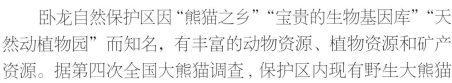

大熊猫研究的发源地

20世纪70年代末至80年代初，中外科学家在卧龙"五一棚"开始了野外大熊猫的调查研究。1980年，卧龙与世界自然基金会（WWF）开展合作，在卧龙自然保护区的核桃坪建立了中国大熊猫保护研究中心。1990年以来，研究中心攻克了大熊猫人工繁育三难（发情难、受孕难、存活难），创建了世界上数量最多、遗传结构合理、最具活力的圈养大熊猫种群。2003年，研究中心在全球率先启动了人工繁殖大熊猫的野化培训

放归研究。2017年，全球首只野外引种大熊猫"草草"顺利产崽，圈养大熊猫野外引种试验取得阶段性成功——圈养大熊猫野外引种试验是中国大熊猫科研保护史上的又一重大突破。卧龙在大熊猫科研保护方面取得了举世瞩目的成就。

勇敢的大熊猫守护者

2008年5月12日,一个普通的下午,突然发生了一件大事。在中国四川省汶川县,地面猛烈地抖动起来,发生了一场里氏8.0级的大地震。地震引发了一系列的次生灾害,如山体大面积的滑坡、崩塌和泥石流,对当地的生态环境产生了巨大的影响。在这次地震中,大熊猫的生境受到破坏,地表植被受地震及其次生灾害影响而损毁。

当地震发生时,原坐落于卧龙自然保护区核桃坪的中国大熊猫保护研究中心的工作人员们毫不犹豫地去拯救那些受到惊吓的大熊猫。他们在瓦砾和倒塌的建筑物中寻找惶恐的大熊猫,抱起了那些紧张得挤成一团的大熊猫幼崽,尽力将它们从危险中解救出来。

在这场地震中,大熊猫保护研究中心内圈舍受损严重,交通、通信、水电等基础设施全部瘫痪。

地震过后,为了确保人和大熊猫的安全,研究中心开始了一场"熊猫大转移"行动。他们将受灾的大熊猫分批次从卧龙转移到雅安基地等其他安全的地方。地震后道路受损严重,到雅安基地原本只需3小时的路程,现在却需要翻越两座海拔4000多米的高山,耗费10多个小时,绕行500多千米。尽管面临如此艰巨的任务,工作人员们依然不遗余力地把受灾大熊猫安置到了雅安基地。

在雅安基地,工作人员紧急修建了圈舍。通过精心护理、交流和安抚,逐步缓解了大熊猫的应激反应。

汶川地震过去后,大熊猫重新回到了卧龙,卧龙也逐渐恢复了往日生机。中国大熊猫保护研究中心的工作人员,不惜冒着生命危险,竭尽全力将受灾的大熊猫从地震中解救出来。他们的付出和努力,使大熊猫种群在地震后得以逐渐恢复,并继续在国家公园内繁衍生息。

卧龙自然保护区的地震损害与生态恢复一年后的对比

第四纪冰川：雪宝顶

如果看过《冰河时代》，你一定知道我们的地球并不总是像现在这么温暖，在历史上曾经出现过好几个特别冷的时期。在第四纪冰河时期最大的一次冰期中，全球很多地方都被冰川所覆盖。那时，不适应寒冷的动物要么灭绝了，要么就迁移到了更加温暖的地方。在海拔较低的地方还保留了一些气候相对温和的地区，所以有很多动物搬家去了那里，从而得以存活下来。而在欧洲的动物就没那么幸运了，阿尔卑斯山阻碍了动物的南迁，很多动物因为没有找到合适的"避难所"而灭绝了。这就是为什么现在中国西南山地的物种要比欧洲丰富的重要原因之一。

后来，随着冰期的结束，气候又变得温暖，雪线逐渐上移，动物们又有了更多适宜生存的地方。当我们探索大熊猫国家公园各种各样的生物的时候，也可以欣赏一下遗留在黄龙地区雪宝顶上的冰川。它提示着我们的地球曾经历过的那段严酷、艰难的岁月，同时也提醒着我们，这里的每一朵花、每一种动物能够繁衍至今都是不容易的，我们应该要珍惜它们。

"水垢"奇观：黄龙五彩池

　　大熊猫国家公园里的黄龙地区以分布在黄龙沟大大小小的"五彩池"而出名，远远望去，宛如梯田一般的大小水池呈现出各种不同的颜色，就像童话世界当中的调色板一般。你知道这些五彩池是如何形成的吗？它们实际上是由"水垢"形成的。

　　在我们烧水的时候，如果水中富含碳酸盐之类的矿物质，那么随着水分的蒸发，这些矿物质就会析出，最后沉积在水壶的壁上结成水垢。而黄龙五彩池就像一个特别浅、底面特别大的盘状水壶。太阳就像一个烤炉，让水分大量蒸发，碳酸盐就会像水壶里的水垢一样沉积下来。由于这种水垢中往往含有大量的碳酸钙，我们把这样的"水垢"叫作"钙华"。

　　在遇到障碍物的地方，水流速度会变快，相对其他地方这里的水也会变得更浅一些，在这样的地方更容易积累钙华，久而久之，积累的钙华仿佛筑起了一道墙壁，这就形成了自然的"梯田"景观。但是和人类用泥土所筑的"梯田"不同，这种钙华形成的"梯田"边缘是非常脆弱的，因为这些碳酸盐沉积物是一种疏松多孔的海绵状结构，稍微经受一点压力就很容易垮塌。

　　那么，五彩池多种多样的颜色又是怎么来的呢？这是多种因素综合形成的。不含杂质的碳酸盐沉淀本身是灰色或白色的，如果里面掺杂了铁、锰之类的其他矿物质，这些矿物质被氧化之后可能就会呈现出褐、黄、黑等颜色；而如果上面附着了一些藻类，则又会呈现出蓝色或绿色。正是多种多样的微环境，造就了黄龙五彩池调色板一般的效果。也正因为如此，黄龙五彩池被誉为"人间瑶池"。

国家公园的守护者

嗨，大家好，我叫罗春平，是一名退伍军人，后来到王朗国家级自然保护区担任巡护员。在20多年的山野岁月里，我抓过盗猎者，捡过大熊猫粪便，滑落过山崖，但我始终没有放弃。值得骄傲的是，2019年，我被评为四川"最美巡护员"，我想，这对我既是一种肯定，也是一种激励。

滑落 7 米高悬崖差点被河水冲走

在王朗国家级自然保护区，到处都是高山密林，路陡山滑，且野生动物警觉性极强，这给保护工作带来了极大的困难。野保工作跋山涉水，经历危险都属常态，我最大的一次意外，出现在追寻大熊猫的路上。

2012年，在全国第四次大熊猫调查中，我带领十多个调查队员到地势险峻、路途遥远的野牛沟进行大熊猫调查。当天，大家身背四五十斤的物资及巡护设备沿河进沟。途中要通过一处悬崖，可能是那里的土块被踩松了，我走着走着一不小心仰面滑倒，整个人向崖下坠落。悬崖底部是湍急的河流，还有一根高高的树桩。我本能地把身体打开，贴紧崖壁，以减缓下坠的速度。还好我避开了树桩，但左脚受伤，背包也掉进了河里。

队员们只能轮流背我，跋山涉水3个多小时，终于走出大山，租车去到医院。有幸得到大家的帮助和医院的救治，4个月后，我终于又可以重返巡护员岗位了。

山林巡护，也需要学习"进阶"

刚接触野外工作时，我正赶上北京大学生命科学学院在王朗保护区进行多个科研项目，于是我跟着北京大学的专家教授认真学习。2015年，我还前往沈阳学习无人机操纵技术，成功取得无人机驾驶员合格证，成为保护区最早一批取得无人机驾驶资格证的巡护员。从事保护工作以来，我参加过鼠兔调查、黑熊调查、全国第四次大熊猫调查等，几乎走遍了四川的山山水水。回顾山中岁月，在这里的工作和生活虽然平淡、辛苦，但我很满足。

嗨，大家好，我叫张玉波，是一名守护大熊猫的蜜蜂博士。听上去是不是有点奇怪？怎么守护大熊猫，却又养蜜蜂呢？其实，这是一个很有趣的故事。

我的博士论文是关于大熊猫栖息地保护的，研究地点是野生大熊猫最多的平武县——这里也被称为"天下大熊猫第一县"。来到这里我却发现，老百姓们生活并不富裕。如何才能让经济发展与生态保护协同发展呢？

把我变成农民，把农民变成我

平武县森林覆盖率高，养蜂条件得天独厚，很多人都以养蜂为生，但发展道路并未一帆风顺。2018年，很多乡镇的蜂群损失惨重。我调查后发现，除了气候因素外，蜂箱的设计不合理也是导致蜂群损失的重要因素。明朝的一本古籍里记载了一种格子蜂箱，非常适合当地中华蜜蜂的生物学特性。我把这种蜂箱介绍给当地百姓的时候，大家都表示没有见过这种蜂箱，也不愿意尝试。我就想，要不我来试一试。于是，我就辞了研究院的工作，在山里租了一片地，开始了养蜂的生涯。

虽然之前从未养过蜂，但是通过查阅资料和请教老养蜂人，我很快掌握了养蜂技术。农场开始取蜜的时候，四里八乡的养蜂户都跑到农场来观摩，他们亲眼见证了格子蜂箱无论是蜂蜜的产量还是质量都大大优于传统蜂箱。其后的两年间，我还对格子蜂箱进行了优化，申请了两项实用新型专利。当地蜂农看到了格子蜂箱的巨大优势后，纷纷开始使用格子蜂箱来养蜂，农场也成了蜂农们参观学习和交流的基地。

小蜜蜂与大熊猫

我养的是中华蜜蜂。在过去的一百年间，中华蜜蜂的数量减少了近四分之三。因为我个人的能力是有限的，我把这些技术教给农民，让大家跟我一起把中华蜜蜂的种群重新繁盛起来。人们能收获蜂蜜，而生活在那里的大熊猫、黑熊等野生动物都会受益。原因很简单，蜜蜂是非常重要的传粉者。如果蜜蜂数量大幅度减少，植物的繁育便会遇到困难。植物减少了，包括大熊猫在内的很多动物便吃不饱肚子了。

幸运的是，随着蜜蜂种群的增加，农民的收入也是水涨船高。当地人终于在家门口，把绿水青山变成了金山银山。很多人说博士跑到大山里去当农民是人才的浪费。但是，我能够运用自己所学的知识，解决人们生活中的具体问题，参与到乡村振兴的大潮中来，我觉得这是一件特别有意义的事情，也是实现自己人生价值的过程。

附录

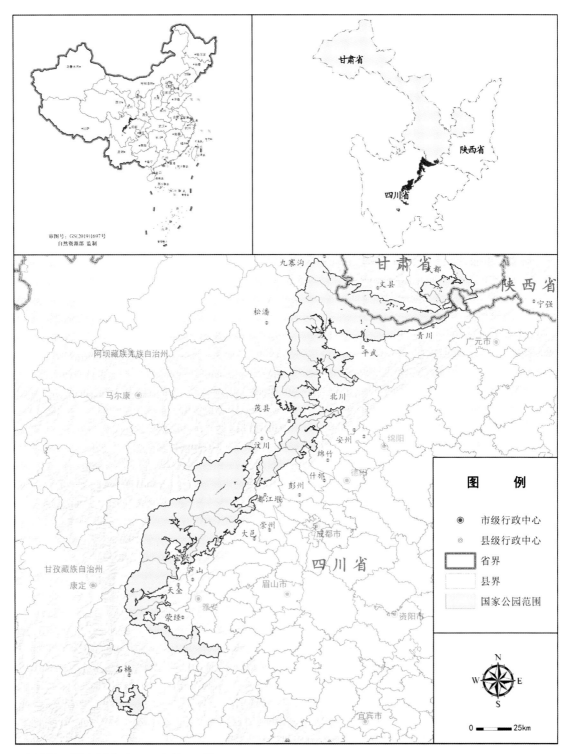

审图号：国审川字（2023）第179号

大熊猫国家公园地理位置示意图

图书在版编目（CIP）数据

中国国家公园. 大熊猫国家公园 / 欧阳志云主编；
臧振华，徐卫华，沈梅华著. —上海：少年儿童出版社，
2024.4

ISBN 978-7-5589-1824-7

Ⅰ. ①中… Ⅱ. ①欧… ②臧… ③徐… ④沈… Ⅲ. ①
大熊猫—国家公园—中国—少儿读物 Ⅳ. ① S759.992-49
② Q959.838-49

中国国家版本馆 CIP 数据核字（2024）第 005800 号

中国国家公园·大熊猫国家公园

欧阳志云 主编

臧振华 徐卫华 沈梅华 著

萌伢图文设计工作室 装帧

策划编辑 陈 珏

责任编辑 陈 珏　美术编辑 陈艳萍

责任校对 黄 岚　技术编辑 谢立凡

出版发行 上海少年儿童出版社有限公司

地址 上海市闵行区号景路 159 弄 B 座 5-6 层　邮编 201101

印刷 上海丽佳制版印刷有限公司

开本 889×1194　1/16　印张 4.25

2024 年 4 月第 1 版　　2024 年 4 月第 1 次印刷

ISBN 978-7-5589-1824-7 / G·3775

定价 38.00 元